Christopher Clausen

1990

Technik aus deinem Geburtsjahr

Du bist so alt wie der ...

Super Nintendo™

FRANZIS

Bildverzeichnis: Cover, 1, 3, 19: Florian Greßhake/Julia Harrer; 7: ullstein bild – Werek; 8: Matd13 via Wikimedia Commons; 9: RIA Novosti via Wikimedia Commons; 10: ullstein bild – United Archives; 11: ullstein bild – Hyzdal von Miserony; 12: mark reinstein/shutterstock.com; 13: Bundesarchiv/ Uhlemann, Thomas; 15: Bundesarchiv/Junge, Heinz; 16: Bundesarchiv/ Grimm, Peer; 17 oben: LongJon/shutterstock.com; 17 unten: Parisc via Wikimedia Commons; 18: Bill Bertram (Pixel8) via Wikimedia Commons; 20: robtek/shutterstock.com; 21: KoS via Wikimedia Commons; 22: ullstein bild – Teutopress; 23: BrAt82/shutterstock.com; 24: JPRoche via Wikimedia Commons; 25: Pittigrilli via Wikimedia Commons; 26: Volkswagen AG; 28: Oleksandr Berezko/shutterstock.com; 29, 30 (alle): Citroën; 31: Microsoft; 32: gdainti/shutterstock.com; 34: chuckchee shutterstock.com; 34: travelview/shutterstock.com; 36 oben: Frank Dumont via Wikimedia Commons; 36 unten: Bundesarchiv/Roeske, Robert via Wikimedia Commons; 37: Norbert Kaiser via Wikimedia Commons; 38 oben: Brilliantist Studio/shutterstock.com; 38 unten: T.Whitney/shutterstock.com; 39: V_E/shutterstock.com; 40: Prokopenko Oleg/shutterstock.com; 41, 42 Hintergrund, 43 Hintergrund: Mohamed Abdulraheem /shutterstock.com; 42: KravOK/shutterstock.com; 43: DeawSS/shutterstock.com; 44: Schellhaas via Wikimedia Commons; 47: Surasak_Photo /shutterstock.com; 48: Featureflash Photo Agency/shutterstock.com; 49: Denis Makarenko /shutterstock.com; 51: silvae/shutterstock.com; 52: NASA, ESA, the Hubble Heritage (STScI/AURA)-ESA/Hubble Collaboration, and A. Evans (University of Virginia, Charlottesville/NRAO/Stony Brook University) via Wikimedia Commons; 52 links, 52/53 Hintergrund: MarcelClemens/shutterstock.com; 52 rechts: NASA via Wikimedia Commons; 55: Pao W/shutterstock.com; 56/57: vitstudio/shutterstock.com; 58: Open_Eye_Studio/shutterstock.com; 59: Roland Nyari/shutterstock.com; 60: Sludge G/flickr.com; 61 oben: Palatinatian via Wikimedia Commons; 61 unten: Antonio Baranessku/shutterstock.com; 62: Alexander Schaelss via Wikimedia Commons; 63: CERN; 64: Pitlane02 via Wikimedia Commons.

Bibliografische Information der Deutschen Nationalbibliothek

Die Deutsche Nationalbibliothek verzeichnet diese Publikation in der Deutschen Nationalbibliografie; detaillierte bibliografische Daten sind im Internet über http://dnb.ddb.de abrufbar.

Autor: Christopher Clausen
Konzept und Produktmanagement: Florian Greßhake und Maria Siegmantel
Sprachlektorat: Sibylle Feldmann
Cover: Julia Harrer
Layout & Satz: Nelli Ferderer, *nelli@ferderer.de*
ISBN: 978364560677-6

Ein Zeitreise in Ihr Geburtsjahr

Jedes Jahr bringt neue technische Erfindungen, Gadgets, Highlights und Flops mit sich. Gerne erinnern wir uns zurück an die technischen Spielzeuge aus unseren Kindertagen, aber auch an die bahnbrechenden Entdeckungen und Produkteinführungen, die das Leben für immer veränderten.

1990 war ein ganz besonderes Jahr. Autor Christopher Clausen nimmt Sie mit auf eine Zeitreise in das Jahr, in dem Spielkonsolen die Wohnzimmer eroberten, das Hubble-Teleskop auf Weltraumreise ging und der allererste Webbrowser das Licht der Welt erblickte.

Liebes Geburtstagskind, …

--- 1990 * TECHNIK AUS DEINEM GEBURTSJAHR * FRANZIS ---

FRANZIS * 1990 * TECHNIK AUS DEINEM GEBURTSJAHR * 1990 *

1990

Inhaltsverzeichnis

Von der Wiedervereinigung bis zum Weltraumteleskop: Das Jahr 1990

1990 – ein Jahr, das Geschichte schrieb!

Der Start in das neue Jahrzehnt (rein rechnerisch begann es natürlich erst 1991) war das Jahr der Literatur. Der Pirol wurde zum Vogel und die Buche zum Baum des Jahres erklärt. Doch diese Fakten verkommen angesichts der weltpolitischen Lage zu kleinen Fußnoten: Der Fall der Berliner Mauer im November 1989 hatte den Weg für die deutsche Wiedervereinigung geebnet. Vor beiden Teilen Deutschlands standen große Herausforderungen: Wie sollte das deutsch-deutsche Verhältnis künftig aussehen? Hoffnungen, Erwartungen, Wünsche und teils bittere Realitäten und Enttäuschungen prallten aufeinander. Für die einen bedeutete die Wiedervereinigung den Zusammenbruch ihres gesellschaftlichen, politischen und wirtschaftlichen Rückhalts, für andere boten sich Chancen, von denen sie vorher nur geträumt hatten. Auch international spielten sich wichtige Ereignisse ab: In Südafrika endete nach Jahrzehnten die Apartheid – die strikte Rassentrennung –, die baltischen Staaten erklärten sich von der Sowjetunion unabhängig und beschleunigten deren Ende, das 1991 schließlich eintrat.

Der politische Wandel brachte auch kulturelle Veränderungen mit sich: Das Internet startete in Testläufen seine ersten Gehversuche, der Zeichner Thomas Goletz machte die ersten Entwürfe für die Diddl-Maus, und die britische Boyband »Take That« feierte ihre Gründung – drei Dinge, die am Anfang noch ganz klein wirkten, aber die Zukunft prägen sollten!

In Wacken fand das erste Open-Air-Festival statt, Roger Waters spielte mit »The Wall« auf dem Potsdamer Platz in Berlin das bis dato größte Rockkonzert. Und nicht zuletzt machte die deutsche Fußballnationalmannschaft der Männer den dritten Weltmeistertitel nach 1954 und 1974 klar.

Gleichzeitig schritt das Leben außerhalb der großen Ereignisse voran: Die Deutschen schauten so viel Fernsehen wie noch nie, der Computer setzte seinen Siegeszug in den Privathaushalten fort und löste in Büros die Schreibmaschine als Arbeitsgerät ab. Das Weltraumteleskop Hubble trat seinen Weg von der Erde ins All an, während unter der Erde in den Pariser Metrostationen autonome Putzroboter für Sauberkeit sorgten. Die Kinder in Deutschland kauften die ersten Gameboys, freuten sich auf neue Spielkonsolen, und die Eltern diskutierten über das Müllproblem. 1990 – nicht nur politisch, sondern auch sonst ein aufregendes Jahr!

1990 – was für ein politisches Jahr!

Dass zwischen dem Fall der Mauer und der deutschen Wiedervereinigung weniger als ein Jahr liegen sollte, ahnte wohl kaum ein Zeitgenosse. Doch in der DDR befand sich die Wirtschaft auf Talfahrt, und die angekündigten freien Wahlen konnten die Bürger nicht davon abhalten, das Land scharenweise gen Bundesrepublik zu verlassen. Im Januar stürmten Bürger die Stasi-Zentrale in Ostberlin. Sie wollten die Mitarbeiter der Staatssicherheit der DDR davon abhalten, weiterhin Akten und damit Beweise für die systematische Bespitzelung der Bürger durch den Staat zu vernichten. Die Euphorie des Mauerfalls war verflogen, immer stärker wurden die Unterschiede zwischen Ost und West deutlich. Die D-Mark wurde inoffizielles Zahlungsmittel der DDR, bevor am 1. Juli die Ostmark endgültig verschwand. Die Bundesregierung der BRD und die neu gewählte DDR-Regierung waren sich einig: Die Einheit musste schneller kommen, als man zunächst vorgehabt hatte.

Denn auch außenpolitisch erhöhte sich der Druck: Die Sowjetunion bröckelte, immer mehr Republiken – inklusive Russland – erklärten ihre Unabhängigkeit. Auch die Macht von Staatschef Gorbatschow schwand. Was würde passieren, wenn er seine Zusage für den Beginn von Verhandlungen nach dem »Zwei-plus-Vier-Prinzip« (beide deutschen Staaten plus die vier Siegermächte des Zweiten Weltkriegs) nicht mehr einhalten konnte? Eile war geboten.

Zwei Tage vor dem Sieg der bundesdeutschen Fußballnationalmannschaft begannen am 6. Juli die Verhandlungen über die Eingliederung der DDR in die BRD. Und im September schließlich wurden die Verträge unterschrieben, die Deutschland einerseits souverän gegenüber allen anderen Staaten und andererseits wieder zu einem Land werden lassen sollten. Doch für die kommenden Jahre lag noch eine Menge Arbeit vor den Menschen: Die marode Infrastruktur im Osten musste modernisiert, die Wirtschaft privatisiert und für den freien Markt fit gemacht werden. Entlassungen, Arbeitslosigkeit und Unsicherheit darüber, wer künftig auch die Renten bezahlen sollte, waren an der Tagesordnung. Die deutsche Einheit wurde zu einem Prozess, der immer noch andauert.

Gleichzeitig fing es international an zu brodeln: Irakische Truppen marschierten in Kuwait ein, was dazu führte, dass sich eine Allianz von Nato-Mitgliedern, arabischen Staaten sowie den ehemaligen Mitgliedern der Warschauer Pakts, Polen und der Tschechoslowakei, bildete. Auch Jugoslawien fiel auseinander, was zu heftigen Spannungen und schließlich zu Kriegen führte. Vor den Menschen lag ein wechselhaftes Jahrzehnt, das sie langsam in ein neues Jahrtausend überleiten sollte.

Die Kinofilme des Jahres: »Pretty Woman« verdreht allen den Kopf

Eine schöne Prostituierte, ein erfolgreicher Geschäftsmann und eine Typverwandlung: Das ist der Stoff, aus dem der Hollywood-Blockbuster des Jahres 1990 entstand. Denn aus der »Geschäftsbeziehung« der zwei Hauptcharaktere in »Pretty Woman« wird schnell eine turbulente Liebesbeziehung. Richard Gere und die damals 23-jährige Julia Roberts setzten in Garry Marshalls Komödie einen Meilenstein für ihr Berufsleben. Für ihre Darstellung von Vivian Ward wurde Julia Roberts sogar für den Oscar nominiert und erhielt 1991 den Golden Globe, der Titeltrack »It Must Have Been Love« der schwedischen Band Roxette wurde in den Radios auf und ab gespielt.

1990 hatte noch mehr zu bieten: Mit »Ghost – Nachricht von Sam« und dem »Club der toten Dichter« lieferte Hollywood zwei weitere künftige Filmklassiker ab, und auch die Fortsetzungen beliebter Streifen kamen beim Publikum gut an – siehe »Die unendliche Geschichte 2«. Fortsetzungen gab es auch auf den Plätzen weiter unten: Auf 11, 12 und 13 folgten »Ghostbusters 2«, »Stirb langsam 2« und »Zurück in die Zukunft 3«.

1	Pretty Woman 	3	Werner – Beinhart!
		4	Arielle, die Meerjungfrau
		5	Der Rosenkrieg
		6	Ghost – Nachricht von Sam
		7	Der Club der toten Dichter
2	Kuck mal, wer da spricht	8	Die unendliche Geschichte 2

Der Soundtrack des Jahres 1990: Die Dance- und Technowelle rollt

Michael Münzing und Luca Anzilotti dürften mit dem Jahr 1990 durchaus zufrieden sein: Gleich zwei Tracks konnte das Frankfurter Eurodance- und Trance-Duo Snap! in den Charts platzieren, und das gerade einmal ein Jahr nach der Gründung. »The Power« sicherte sich im Jahresranking Platz Nummer vier, »Ooops Up« landete auf Platz fünf. Die Musikrichtung Dance entstand parallel zur Technowelle: Elektronische Beats und einprägsame Melodien sollten die Massen zum Tanzen bringen. Noch erfolgreicher war 1990 ein deutschsprachiger Künstler: Matthias Reim setzte sich mit »Verdammt – ich lieb' dich« an die Spitze der meistverkauften Singles des Jahres und war 16 Wochen lang die Nummer eins in den Charts. Laut Bundesverband Musikindustrie sind das die erfolgreichsten Hits des Jahres 1990:

Die erfolgreichsten Singles des Jahres

1. Matthias Reim – Verdammt – ich lieb' dich
2. Sinéad O'Connor – Nothing Compares 2 U
3. Phil Collins – Another Day in Paradise
4. Snap! – The Power
5. Snap! – Ooops Up
6. DNA feat. Suzanne Vega – Tom's Diner
7. Nick Kamen – I Promised Myself
8. UB40 – Kingston Town
9. Guru Josh – Infinity (1990's... Time For The Guru)
10. Depeche Mode – Enjoy The Silence

Die erfolgreichsten Alben des Jahres

1. Phil Collins – ...But Seriously
2. Sinéad O'Connor – I Do Not Want What I Haven't Got
3. KuschelRock 3
4. Billy Joel – Storm Front
5. Lisa Stansfield – Affection
6. Matthias Reim – Reim (siehe Foto)
7. Tina Turner – Foreign Affair
8. Eros Ramazotti – In ogni senso
9. Marius Müller Westernhagen – Halleluja
10. Depeche Mode – Violator

Timeline

Januar

- Der schiefe Turm von Pisa wird aus Sicherheitsgründen für Besucher gesperrt.
- Siemens übernimmt den Computerhersteller Nixdorf AG.
- Chirurgen in Hannover transplantieren erstmals in Europa einem Menschen zwei neue Lungenflügel.
- Demonstranten stürmen die Berliner Stasi-Zentrale. Die sichergestellten Akten werden bis heute aufgearbeitet.
- Die japanische Raumsonde Hiten wird in die Erdumlaufbahn geschossen und gelangt später zum Mond.
- Die Deutsche Terminbörse nimmt als erste vollelektronische Börse Deutschlands den Handel auf.
- Erste McDonalds-Filiale in Moskau eröffnet.
- Ringförmige Sonnenfinsternis von der Antarktis über das Weddell-Meer bis in den Südatlantik.

Februar

- Bedingungslose Freilassung Nelson Mandelas – der Beginn vom Ende der Apartheid in Südafrika.

- Arved Fuchs und Reinhold Messner beenden nach 92 Tagen und 2.800 Kilometern zu Fuß erfolgreich ihre Antarktisdurchquerung.

März

- Litauen erklärt sich für unabhängig.
- Michail Gorbatschow wird Präsident der UdSSR.
- Erste freie Wahl zur Volkskammer in der DDR. Am 5. April wird Sabine Bergmann-Pohl zu deren Präsidentin gewählt, am 12. April wird Lothar de Maizière (siehe Foto) erster und letzter demokratisch gewählter Ministerpräsident der DDR.
- Erste demokratische Parlamentswahlen seit 1945 in Ungarn.
- Estland erklärt sich zur Republik und knapp einen Monat später für unabhängig.

April

- In einer Bürgerbefragung entscheiden sich 76 Prozent der Bewohner von Karl-Marx-Stadt dafür, dass ihre Stadt wieder in Chemnitz umbenannt wird. Dies erfolgt am 1. Juni.

- Das Weltraumteleskop Hubble wird vom Spaceshuttle Discovery in die Erdumlaufbahn transportiert.
- Oskar Lafontaine (Ministerpräsident des Saarlands und Kanzlerkandidat der SPD) wird bei einem Attentat in Köln-Mülheim lebensgefährlich verletzt.

Mai

- Lettland erklärt seine Unabhängigkeit von der Sowjetunion.
- Beginn der Zwei-plus-Vier-Gespräche zur Wiedervereinigung von BRD und DDR in Bonn.

Mai

- Die Weltgesundheitsorganisation (WHO) streicht Homosexualität aus dem Diagnoseschlüssel der Krankheiten.
- Unterzeichnung des deutsch-deutschen Staatsvertrags zur Bildung einer Wirtschafts-, Sozial- und Währungsunion.
- Die Rinderseuche BSE ist auf dem Vormarsch. Frankreich verhängt einen Importstopp für Rindfleisch aus Großbritannien.

Juni

- Erste freie Parlamentswahlen in der Tschechoslowakei seit 1946. Sieger sind die Bürgerrechtsbewegungen.
- Die russische Sowjetrepublik gibt ihre Souveränität von der Sowjetunion bekannt.
- Endgültiger Abrissbeginn der Berliner Mauer; am 22. Juni folgt der Abriss des Grenzübergangs Checkpoint Charlie.

Juli

- In der DDR wird die D-Mark gesetzliches Zahlungsmittel.
- Deutschland wird zum dritten Mal Fußballweltmeister nach einem 1:0 gegen Argentinien.

August

- Irakische Truppen marschieren in Kuwait ein. Beginn des Zweiten Golfkriegs.
- Die Raumsonde Magellan tritt in die Umlaufbahn der Venus ein.
- Die Ostberliner Volkskammer stimmt für den Beitritt der DDR zur Bundesrepublik Deutsch-

land. Am 31. August wird der Einigungsvertrag unterzeichnet.

- Thomas Goletz skizziert erstmals die Diddl-Maus. Erstes Wacken Open Air auf einer Kuhwiese.

September

- Letzter Betriebstag des Silberpfeils der Köln-Bonner Eisenbahnen.
- In Moskau wird der Zwei-plus-Vier-Vertrag unterzeichnet. Die vier Siegermächte USA, Großbritannien, Frankreich und Sowjetunion machen damit den Weg für die Wiedervereinigung frei und befreien Deutschland von besatzungsrechtlichen Beschränkungen.
- Der Palast der Republik (siehe Foto) wird wegen Asbestverseuchung geschlossen.
- Start des weltweiten Human Genome Project, um das menschliche Genom zu entschlüsseln.

Oktober

- Deutschland wird von den vier Außenministern der Siegermächte zum souveränen Staat erklärt.
- Die DDR und Ostberlin treten dem Geltungsbereich des Grundgesetzes der BRD bei. Damit ist Deutschland wiedervereinigt. Der 3. Oktober wird zum gesamtdeutschen Feiertag.
- Der deutsche Innenminister Wolfgang Schäuble (CDU) wird bei einem Schussattentat schwer verletzt.
- Wahlen zu den Landesparlamenten in Bayern und den fünf neuen Bundesländern. In Brandenburg liegt die SPD vorne, in den anderen Ländern die CDU/CSU.
- Turkmenistan erklärt sich für souverän.
- Kasachstan erklärt sich für souverän innerhalb der UdSSR, 1991 wird es vollkommen unabhängig.

November

- Akihito wird zum 125. japanischen Kaiser ausgerufen.
- In der Charta von Paris wird die Spaltung Europas für beendet erklärt. 32 Länder bekennen sich zur Demokratie, wirtschaftlichen Freiheit, sozialen Gerechtigkeit und zu gleicher Sicherheit der Vertragsstaaten.

Dezember

- Helmut Kohl wird bei der ersten gesamtdeutschen Bundestagswahl im Amt bestätigt.

- Mit dem Stromeinspeisungsgesetz in Deutschland werden erneuerbare Energiequellen unterstützt.
- Erstes Prototypsystem mit HTTP, HTML sowie Server und Browser nimmt am CERN-Institut in Genf den Betrieb auf. Die erste Website geht online – das ist der Probelauf fürs Internet.

Technik in den Kinderzimmern

Holzspielzeug, Bauklötze, Puppen? Klar, die fand man auch in den Kinderzimmern des Jahres 1990. Doch die rasante technische Entwicklung machte selbst vor den Jüngsten nicht halt. Schränke und Regale (und im Regelfall auch der Fußboden) wurden immer häufiger auch von batteriebetriebenen Gadgets blockiert: ferngesteuerte Autos, sprechende und selbstfahrende Roboter, Miniaturhaushaltsgeräte mit Funktion – beispielsweise Waschmaschinen, die man mit Wasser befüllen kann, oder funktionstüchtige Mini-Elektroherde (siehe Foto) – oder Actionfiguren, die auf Knopfdruck Geräusche machten. Lego und Playmobil lieferten sich damals wie heute ein Rennen um die Gunst von Eltern und Kindern, Hörspielkassetten spielten den Soundtrack der Kindheit: Benjamin Blümchen, Fünf Freunde, Die drei Fragezeichen, TKKG, der Li-La-Launebär oder die »RTL Kinderhitparade«, in der die Hit Kids von RTL auf Deutsch umgetextete Charthits sangen.

Draußen strampelten die Kinder auf Kettcars oder Tret-Treckern herum, aber auch Jeeps im Kinderformat mit Elektromotoren rumpelten immer häufiger auf den Gehwegen. Auf sogenannten Pedalos versuchten die Geschickten, das Gleichgewicht zu halten, und Spielzeugpistolen knallten dank kleiner Zündplättchen aus rotem Kunststoff durch die Straßen.

Einen Raketenstart legte in Deutschland ein Spielzeug hin, das wie kaum ein anderes für die 1990er-Jahre steht und das man sowohl drinnen als auch draußen benutzen konnte: der Gameboy. Sein großer Bruder, der Super Nintendo, wurde beinahe zeitgleich in Japan präsentiert und heizte später den Streit um den Fernseher im Wohnzimmer und um die Vorherrschaft der Konsolenanbieter an.

Kampf der Konsolen: SNES und Sega Mega Drive

Kaum eine Kindheit in den frühen 1990ern ohne Spielekonsole: Der Markt boomte! Schon 1983 hatte Nintendo seine erste Konsole auf den Markt gebracht: den Famicon, besser bekannt als Nintendo Entertainment System (NES). Super Mario World, The Legend of Zelda und Metroid – auf dem NES wurden Helden geboren, die noch heute fast jeder kennt. Sieben Jahre später war nach rund 62 Millionen verkauften Exemplaren Zeit für eine Ablösung: Mit einem 16-Bit-Prozessor und einer 3,58-Megahertz-Taktung wurde der Super Nintendo (SNES) 1990 in Japan auf den Markt gebracht. Zocker in Europa mussten sich noch gedulden, bis die Konsole 1992 zu einem Startpreis von 329 D-Mark auch hier erhältlich war.

Nicht nur, dass die Konsole deutlich mehr leisten konnte, sie setzte auch neue Standards bei den Gamepads: Die sogenannten »Schultertasten« an der Oberseite des Controllers ließen sich leicht mit den Zeigefingern bedienen und setzten sich auch bei anderen Geräten durch. Wie bisher konnte man die Spiele in Modulform einfach austauschen, um mit seinen Helden wie Mario oder Donkey Kong durch die 2D-Levels zu jagen und neue Rekorde aufzustellen. Später waren in den Modulen sogar Zusatzchips verbaut, die Rechenleistungen übernahmen und einfache 3D-Effekte möglich machten!

Der SNES hatte es allerdings nicht ganz so leicht wie sein Vorgänger: Der Sega Mega Drive (Marktstart in Japan 1988, in Europa im November 1990) war technisch deutlich überlegen, hatte unter anderem einen Prozessor mit 7,6 Megahertz und mehr Farben und lag bei den Verkaufszahlen mit dem SNES gleichauf – zumal Sega es mit erfolgreichen Charakteren wie dem Igel Sonic ebenfalls schaffte, Kultfiguren zu kreieren. So gesehen war die Entscheidung für SNES oder Mega Drive eine Glaubensfrage: Der Super Nintendo bot mit der Zeit eine größere Auswahl an Spielen – besonders im Adventure-Bereich –, Sega begeisterte vor allem Actionfans.

Spiele wie F-Zero, Super Mario Kart, Super Mario Bros. 3, The Legend of Zelda: A Link to the Past, Super Metroid, Terranigma, Yoshi's Island und Star Fox ließen den SNES am Ende zu einem ähnlichen Verkaufsrenner werden wie den NES: 50 Millionen Käufer entschieden sich für ihn, bis 1996 der N64 begann, seine Nachfolge anzutreten.

Der Gameboy: Ein Klotz lässt Kinderherzen höher schlagen

Der Kampf der Konsolen war sicherlich spannend. Doch es gab für viele junge Zocker in Deutschland ein Problem: In den Haushalten fand sich meist nur ein TV-Gerät – und entweder kamen gerade die Nachrichten im Fernsehen, oder die Eltern meinten, dass die Hausaufgaben nun wichtiger seien.

Dann veränderte ein 220 Gramm leichter, unauffälliger, grauer Kasten das Leben: Der Gameboy brachte Spiele direkt in die Kinderzimmer! Zwar war der Gameboy nicht die erste tragbare Konsole der Welt, doch bei ihm konnte man die Spiele dank kleiner Module erstmals austauschen – wie bei den großen Geräten! Ein 8-Bit-Prozessor, ein unbeleuchteter und ziemlich stark spiegelnder kleiner Bildschirm mit vier Grautönen und wenige Knöpfe reichten aus, um zum deutschen Marktstart im September 1990 eine wahre Daddel-Manie auszulösen.

Anfangs gab es den Gameboy nur im Set zusammen mit dem Klötzchenspiel Tetris für rund 150 D-Mark. Das machte das Spiel mit den fallenden Steinen zu einem der meistverkauften und seine Melodien zum ständigen Ohrwurm.

Wer wollte, konnte bei einigen Spielen sogar im Zwei-Spieler-Modus gegeneinander antreten. Ein viel zu kurzes Kabel verband die Geräte, und die Schlacht um die Punkte begann. Tragisch nur, wenn der rote Punkt der Batterieanzeige plötzlich dunkler zu werden begann, sich die Pixel verabschiedeten und der gesamte Spielstand plötzlich weg war.

Mit den Jahren lieferte Nintendo immer mehr unterschiedliche Versionen nach, unter anderem eine bunte Special Version (1995), den verkleinerten Pocket (1996), und 1997 kam der Color mit Farbbildschirm auf den Markt. 1999 hatte der Gameboy in Europa noch einmal einen riesigen Aufschwung: Die Pokémon-Welle rollte! Erst 2001, nach mehr als 188 Millionen verkauften Exemplaren, verabschiedete sich der kleine Gigant aus den Läden. Sein Nachfolger, der DS, wurde mit 154 Millionen Verkäufen sogar noch erfolgreicher.

Es lebe die Glotzeritis!

In Deutschland grassierte zu Beginn der 1990er-Jahre ein Phänomen: die Glotzeritis! Nachdem in den 1980ern die Zahl der privaten Fernsehsender im Westen stark gestiegen und mit der Wiedervereinigung die Rundfunklizenzen des DDR-Fernsehens an die ARD übergegangen waren, standen die Ampeln für den deutschlandweiten Siegeszug des Fernsehens auf Grün.

Inzwischen Kult gewordene Sendungen wie die Erotik-Spielshow »Tutti-Frutti« (siehe Foto), Serien wie »Roseanne«, »Golden Girls«, die »Teenage Mutant Hero Turtles«, »Alfred J. Kwak« und auch die Homevideosendung »Bitte lächeln« hatten 1990 Deutschlandpremiere.

Das steigende Angebot hatte natürlich auch Auswirkungen auf den Fernsehkonsum: 960 Stunden, also 40 Tage jährlich und 2,6 Stunden täglich, saß der durchschnittliche Bundesbürger im Jahr vor der Glotze!

Und im Schnitt standen in jedem Haushalt nunmehr 1,4 Fernseher – im Westen noch etwas mehr als im Osten. Dass der Fernsehkonsum weiter steigen würde (2003 waren es 217 Minuten, also mehr als 3,5 Stunden täglich), konnte man damals noch nicht ahnen.

Im Jahr 1990 dominierten Röhrenfernseher die Wohnzimmer – meist in Braun oder Schwarz, durchschnittlich 50 Kilogramm schwer und mit einer Bildschirmdiagonalen von 72 Zentimetern. Technisch waren maximal 80 Zentimeter möglich. 5,8 Millionen Geräte zu einem Durchschnittspreis von rund 1.210 D-Mark wanderten über die Ladentische – nicht zuletzt auch getrieben durch die Fußball-WM. Deutsche Marken wie Grundig oder Telefunken dominierten den Markt, knapp 20 Jahre später sollten von den deutschen Marktführern nur noch drei übrig sein.

Und auch wenn Streamingdienste und das Smartphone dem klassischen Fernsehen inzwischen etwas den Rang abgelaufen haben: Das TV-Gerät gehört nach wie vor zur Standardausstattung eines durchschnittlichen Haushalts.

Zu gut, um gewinnen zu können: das DAT-Band

Anfang der 1980er-Jahre kamen die ersten Audio-CDs auf den Markt und lösten die klassischen Langspielplatten als bespielte Tonträger langsam ab. Und die Audiokassetten? Die boten einen großen Vorteil: Man konnte sie entweder mit Audioinhalt kaufen oder aber Leerkassetten einfach selbst bespielen. Aktuelle Radiosendungen mit den neuesten Charthits, ein Mixtape für den Schwarm oder erste Gehversuche als Hobbymoderator im Kinderzimmer – der Kreativität waren keine Grenzen gesetzt. Doch die Technik war an ihre Grenzen gekommen: Die empfindlichen Magnetbänder rissen bei Strapazen, die Audioqualität war mäßig und nahm bei mehrfachem Überspielen immer weiter ab.

Wie bei der Umstellung von LP auf CD entstand auch bei der Kassette die Idee: Ein digitales System muss her! Zwei Arbeitsgruppen forschten an dem Thema und präsentierten das Digital Audio Tape, kurz DAT – ebenfalls mit einem Magnetband ausgestattet, aber mit digitaler Aufzeichnung. 96 Kilohertz Abtastrate und 24 Bit Auflösung erlaubten einen Klang, der sogar besser als der von CDs war. Wie bei einem Videorekorder wurde das Band aus der Kassette gezogen und um die Tonköpfe gewickelt, per Marker ließen sich einzelne Tracks ähnlich wie bei der CD überspringen.

Aufgrund seiner Größe und der recht unempfindlichen Mechanik hätte sich das DAT-Band besonders für unterwegs angeboten – doch es gab einen Haken: den Kopierschutz! Wegen der guten Überspielqualität hatten die Musikkonzerne Sorge, dass Musikpiraterie mit dem neuen Format Aufschwung bekäme. Deshalb durften die ersten Geräte nur analog aufnehmen, also mit geringer Qualität. Entsprechend zurückhaltend waren die Käufer, das DAT-Band wollte sich nicht so recht durchsetzen.

Erst 1990 gab es einen Schritt vorwärts: Jede CD konnte mithilfe eines integrierten Kopierschutzsystems nur einmal überspielt werden, das DAT-Band auf ein anderes Band zu überspielen, war erst gar nicht möglich. Zu wenig Fortschritt für die Kunden, die kaum überzeugt waren. Die geringe Nachfrage führte zu hohen Preisen (ein tragbarer DAT-Rekorder, der DATman, kostete 1.500 D-Mark, eine Kassette 50 D-Mark). 1991 kam das Mini-Disc-Format auf den Markt, Mitte der 1990er-Jahre die ersten CD-Rekorder und CD-Brenner für den PC. Damit war die Konkurrenz für das DAT-Format einfach zu groß geworden. Es wurde hauptsächlich im professionellen Bereich wie Tonstudios oder Rundfunkanstalten genutzt, im Privatbereich war es gnadenlos gescheitert.

Auto-Neuheiten des Jahres 1990: das Flop-SUV von VW

SUVs (Sports Utility Vehicles) sind ein großer Trend der 2010er-Jahre. Eine hohe Sitzposition, entsprechend ein guter Ein- und Ausstieg, dazu ein bulliges Aussehen und manchmal sogar Allradantrieb bringen ein wenig Abenteuer-Feeling in den Alltag. Doch 1990 wollte davon kaum jemand etwas wissen: VW erlebte mit dem Golf Country einen Megaflop. Ein um 18 Zentimeter höher gelegtes Fahrwerk, Allradantrieb, ein Leiterrahmen aus Stahlrohren unter dem Aufbau sowie Rammschutzbügel und ein Reserverad am Heck sollten abenteuerlustige Kunden locken. Doch Fehlanzeige! Für den happigen Preis von 32.275 D-Mark wollte kaum jemand den hochgebockten Golf II mit ansonsten eher spartanischer Ausstattung haben – zumal nur ein Jahr später mit dem Golf III schon der Nachfolger für das seit 1983 gebaute Kompaktmodell in den Startlöchern stand. Auch Rettungsversuche wie ein Sondermodell mit Ledersitzen und Faltdach (es kostete 42.060 D-Mark) konnten den Golf County nicht retten. Nach nur 7.735 Exemplaren und anderthalb Jahren Bauzeit war schon wieder Schluss mit den Golf-SUV. Der große Boom dieser Fahrzeuggattung sollte erst über 15 Jahre später kommen.

Weitere Auto-Meldungen des Jahres:

Mitsubishi versuchte mit dem Sigma, die Oberklasse aufzumischen. Seine Premiere fand statt auf dem Pariser Autosalon 1990, mit Dreiliter-V6 (177 oder 205 PS) kostete er mindestens 45.000 D-Mark. Hierzulande war er aber kein großer Erfolg: Bis zu seinem Ende 1996 wurden in Deutschland gerade einmal 10.407 Autos zugelassen.

1

Mercedes mit Porsche-Power: Der 500 E lief im Porsche-Werk Zuffenhausen vom Band, leistete 326 PS aus einem V8-Motor und sprintete in 6,3 Sekunden von Tempo 0 auf 100 – kostete allerdings auch mindestens 134.520 D-Mark, die 10.497 in drei Jahren gebauten Exemplare waren ruck, zuck ausverkauft.

Ford präsentierte die Neuauflage des Escort, deutlich länger und breiter als sein Vorgänger und mit einem besonders windschnittigen Design. Zehn Jahre hielt diese Generation durch, zwei Facelifts inbegriffen, bis der Focus sein Erbe antrat.

2

3

260 PS stark, 260 km/h Spitze und keine Servolenkung: Der Porsche 911 Carrera RS war das absolut puristische Sportmodell und verzichtete auf sämtlichen Komfort – bot aber dafür puren Fahrspaß.

4

Aus Tschechien in die Welt: Nach der Wende kam die Marke Skoda verstärkt nach Deutschland, nachdem der VW-Konzern in das Unternehmen eingestiegen war. Das Kompaktmodell Favorit (in Tschechien ab 1987) legte den Grundstein für die Karriere der einstigen Billigmarke im Westen.

5

Eine Legende kehrt zurück! Mit fast 5,4 Millionen verkauften Autos ist der Original-Mini das meistverkaufte britische Auto. Der Klassiker erschien in unzähligen Varianten, doch viele bringen ihn mit der sportlichen Cooper-Version in Verbindung. Den hatte der Rennwagenkonstrukteur John Cooper entwickelt und 1961 präsentiert: eine 55 PS starke Sportversion mit einem Liter Hubraum, die den Kleinen flott voranbrachte – der Ur-Mini hatte nur 34 PS. Doch 1971 endete John Coopers Vertrag mit dem Mini-Hersteller BMC. Erst 1990 sah der neue Besitzer Rover Chancen für eine Neuauflage und brachte den Sport-Mini wieder zurück – nun mit 61 PS und geregeltem Katalysator. Im Jahr 2000 war endgültig Schluss, da lief der letzte klassische Mini vom Band.

Citroën XM: Es lebe die Avantgarde!

Spätestens seit der legendären DS aus den 1950er-Jahren hatte sich Citroën den Ruf erarbeitet, besondere Autos mit fortschrittlicher Technik zu entwickeln. Der XM sollte genau dieses Image in die 1990er-Jahre tragen. Dafür arbeiteten gleich drei Designbüros zusammen: die von Peugeot und Citroën sowie das italienische Studio Bertone. Heraus kam ein kantiges, eigenwilliges Auto, das je nach Zuordnung in der Mittel- oder Oberklasse um die Kunden buhlte – und von einer Fachjury zum Auto des Jahres gewählt wurde.

Wie schon frühere Citroën-Modelle sollte auch der XM mit dem besonderen Plus an Komfort locken: Wenn man zum Beispiel die Heckklappe der Limousine (einen Kombi gab es auch) öffnete, fand man eine weitere, innere Heckscheibe. Diese sollte verhindern, dass die Passagiere im Auto Zugluft abbekamen. Dank seiner erstmals elektronisch gesteuerten hydraulischen Federung,

Hydractive genannt, pumpte sich der XM beim Start erst einmal nach oben und passte sich der Fahrsituation an. So bot der kantige Citroën einen damals unvergleichlich weichen Fahrkomfort.

Doch seine Unzuverlässigkeit nagte am Ruf des Designerstücks: Zahlreiche Elektronikmacken sorgten dafür, dass die Verkaufszahlen schon 1992 stark einbrachen. 1994 kam ein Facelift, in dem unter anderem das Cockpit verändert wurde. Im Jahr 2000 stellten die Franzosen die Produktion des XM nach 333.405 verkauften Exemplaren ein.

Geballte Softwarepower fürs Büro: Microsoft Office

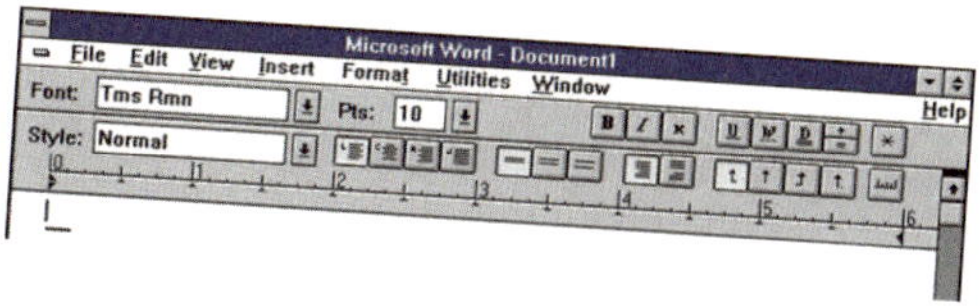

Computer haben im Vergleich zu traditionellen Schreibmaschinen mehrere große Vorteile: Nicht nur, dass man Text schreiben, verändern, speichern und später ausdrucken kann – dank seiner Rechenpower kann ein PC auch Tabellen berechnen oder Präsentationen grafisch darstellen. Wer heutzutage von einem Softwarepaket spricht, das all diese Funktionen miteinander verknüpft, meint häufig Microsoft Office.

Doch solch ein Rundumpaket für alle typischen Büroaufgaben, dessen Teile miteinander kompatibel sind, gab es bis 1990 nicht als Massenprodukt zu kaufen: 1989 hatte Microsoft bereits Office für Mac OS veröffentlicht, doch erst ein Jahr später kam die Verbindung von Word, Excel und PowerPoint, einem Installationsprogramm und einem übergreifenden Datenaustausch für das Betriebssystem Windows auf den Markt.

Textverarbeitungs- und Tabellenkalkulationsprogramme an sich waren 1990 nichts Neues mehr: Word war schon 1983 auf den Markt gebracht worden, Konkurrent Corel hatte sein »Word Perfect« bereits 1979 publiziert. Auch Lotus hatte sein »1-2-3« schon 1983 erstmals veröffentlicht. Was war also das Besondere an Office? Die damaligen Textverarbeitungs- und Tabellenkalkulationsprogramme waren untereinander häufig nicht kompatibel – Texte ließen sich nicht in Tabellenprogramme übernehmen, auch einheitliche Speicherformate waren noch Mangelware. Insbesondere für Unternehmen erleichterte Office den Datenaustausch immens – und machte es damit so erfolgreich.

Heute kaum vorstellbar: Da grafische Bedienoberflächen noch nicht überall der Regelfall waren, gab es sogar eine spezielle Version von Office, die man auch im text- und tastaturbasierten DOS verwenden konnte. Ansonsten war die Computermaus bei Office schon Pflicht.

Mit dem Siegeszug von Windows als Standardbetriebssystem in Privathaushalten konnte sich auch Office immer mehr durchsetzen und verdrängte über die Jahre die meisten Konkurrenzprodukte.

Computerspiele des Jahres: Die Piraten sind los!

Einen Mangel an Spielen für die immer zahlreicheren Konsolen und PCs gab es 1990 sicherlich nicht – aber ein Titel stach deutlich heraus: »The Secret of Monkey Island« bot nicht nur technisch einige neue Finessen, sondern auch eine ordentliche Prise Witz und Einfallsreichtum.

Optisch von der damaligen Disneyland-Attraktion »Pirates of the Carribean« und inhaltlich von einem Fantasyroman von Tim Powers inspiriert, macht sich in dem Spiel der unerfahrene Hauptcharakter Guy Threepwood auf den Weg, um Pirat zu werden. Dabei trifft er auf Voodoo-Ladies, Geisterpiraten, einen Kannibalenstamm, der gerade eine vegetarische Phase hat, und andere schräge Charaktere. Nach dem Point-and-Click-Prinzip navigiert sich der Spieler durch die einzelnen Szenen und wählt zwischen verschiedenen Aktionen aus. Das kam nicht nur bei den Spielern, sondern auch bei der Fachpresse gut an: Besonderes Lob gab es für die lustigen Redegefechte, bei denen sich die Figuren Beleidigungen an den Kopf warfen, und die tolle Grafik. Kein Wunder, dass es noch heute als Klassiker und als Grundstein für eine ganze Reihe solcher Adventures gilt.

Noch etwas abgehobener – im wahrsten Sinne – war Wing Commander. Als Spieler schlüpft man in die Rolle des Raumjägerpiloten Christopher »Maverick« Blair und nimmt mit seinem Raumschiff den Kampf gegen bösartige Aliens auf. Das Spiel wirkte mit einer verzweigten Handlung und seinen Levels in 3D-Optik wie ein Kinofilm und machte den PC als Spielekonsole massentauglich. 1993 gab es Versionen für SNES und Amiga.

Weitere Spieleneuheiten des Jahres:

- **Super Mario World:** Passend zum Start des Super Nintendo kam auch ein neuer Teil der Mario-Saga auf den Markt. Mit dabei: bessere Grafik, mehr Farben und erstmals die Möglichkeit, den Spielstand zu speichern.
- **Final Fantasy III:** Der letzte Teil der Reihe, der auf dem NES-System erschien. Wie in den Vorgängern sind vier Kinder dazu berufen, die Welt zu retten.
- **Red Baron:** In verschiedenen Missionen fliegt man in dieser Mischung aus Flugsimulator und Unterhaltungsspiel durch die Wirren des Ersten Weltkriegs.
- **SimEarth:** Als Spieler kontrolliert man die Entwicklung eines Planeten. Entworfen wurde das Game von Will Wright, der auch »Sim City« und später »Die Sims« erfand.

Es geht hoch hinaus: Architektur des Jahres 1990

60308. Der Messeturm in Frankfurt hat tatsächlich eine eigene Postleitzahl! Aber angesichts dieser Fakten ist das auch kein Wunder: 256,5 Meter hoch, inklusive Technik- und Sockelgeschossen 64 Etagen, 61.711 Quadratmeter Nutzfläche, 900 Parkplätze in der Tiefgarage, ein eigener U-Bahn-Zugang und Raum für 4.000 Arbeitsplätze! Mit seiner Fertigstellung im Oktober 1990 wurde er als höchstes Gebäude Frankfurts und sogar Europas eingeweiht – und diesen Titel hielt der Turm bis zur Fertigstellung des Commerzbank-Towers (259 Meter) im Jahr 1997, der ebenfalls in Frankfurt steht. Architekt Helmut Jahr gestaltete den Messeturm, der mit rotem Granit verkleidet ist, wie einen Bleistift. So ist er zu einem der Wahrzeichen Frankfurts geworden und sorgte dafür, dass die Stadt in den folgenden Jahren ihre berühmte Skyline erhielt – einzigartig in Deutschland!

Während der Messeturm in die Höhe wuchs, testeten Techniker im erdbebengeplagten Japan, wie man Hochhäuser dort besser vor Erschütterungen schützen könnte. Ihr Testgebäude mit sechs Etagen stand auf hydraulischen Stützen, die bis zu 40 Prozent der Erdstöße abfedern konnten. Ein tonnenschwerer Klotz im Dachgeschoss konnte per Computersteuerung verschoben werden, um Schräglagen auszugleichen. Den Modellversuch bestand das Gebäude mit Bravour.

Für ein anderes Gebäude ging es 1990 dagegen nur noch bergab: Der Palast der Republik, 1973 als Kulturhaus und Sitz der DDR-Volkskammer eröffnet, wurde geschlossen. Grund: Beim Bau war Asbest verwendet worden, um die Stahlkonstruktion gegen Feuer zu isolieren. Mit der deutschen Wiedervereinigung wurde klar, dass auch in Ostberlin die bundesdeutschen Gesundheits- und Arbeitsschutznormen gelten würden: Eine Sanierung von »Erichs Lampenladen« (so wurde das Gebäude im Volksmund wegen seiner prunkvollen Beleuchtung oft genannt, mit Erich war Staatschef Honecker gemeint) war zunächst nicht geplant. Erst 1998 rückten Arbeiter an und entkernten den Palast vollständig. Auch zu diesem Zeitpunkt war noch nicht klar, was mit dem Gebäude geschehen sollte. 2003 beschloss der Deutsche Bundestag nach zahlreichen Wettbewerben und Debatten den Abriss, der 2006 begann. 2013 wurde auf dem Gelände der Neu- bzw. Wiederaufbau des Berliner Stadtschlosses begonnen, dem künftigen Humboldt-Forum.

Das geschah noch 1990

1

Das eigene Auto war nach wie vor auch ein Statussymbol in Deutschland: In der DDR nahm mit der Einführung der Marktwirtschaft der Pkw-Bestand gegenüber dem Vorjahr um 23,5 Prozent zu. Zum Jahresende waren im vereinigten Deutschland rund 50 Millionen Fahrzeuge zugelassen. Doch auch die Zahl der Unfälle stieg.

2

Ein Symbol der Freiheit: Musiker Roger Waters (Pink Floyd) gab auf dem zu dieser Zeit fast komplett unbebauten Potsdamer Platz in Berlin das bislang größte Konzert in der Geschichte der Rockmusik (»The Wall«).

3

Im Mai ging der Trabant 1.1 in Serie. Neben kleineren kosmetischen Änderungen fiel vor allem ein neuer Motor ins Gewicht, ein 1,1-Liter-Vierzylinder aus der Volkswagen-Entwicklung. Doch wegen des Mauerfalls waren nun auch Autos aus Westproduktion erhältlich – der Trabant galt als vollkommen veraltet und floppte.

Neben dem Weltraumteleskop Hubble (siehe Seite 52) machte sich auch die japanische Raumsonde Hiten auf den Weg ins All. Der Wissenschaftssatellit ist ein Technologieexperiment und sollte Staubpartikel zwischen Erde und Mond zählen. Der Transponder versagte allerdings schnell, und der Kontakt mit einer Tochtersonde ging verloren. 1993 schlug Hiten auf dem Mond auf.

4

5

Nicht nur, dass der Gameboy nach Deutschland kam und der Super Nintendo seine Premiere feierte: Ebenfalls 1990 hatte der japanische Spieledesigner Satoshi Tajiri die Idee zu Pokémon. Ihn faszinierte die Möglichkeit, zwei Gameboys mit einem Kabel zu verbinden – so war der Austausch von Daten möglich. Es dauerte sechs Jahre, bis das erste Spiel fertig war.

1990 war auch das Jahr, in dem die erste Version von Adobes Photoshop auf den Markt kam: Das Bildbearbeitungsprogramm setzte sich bald als Standard durch und machte den Weg für hemmungsloses Retuschieren frei.

6

Hallo, Roboter! – Die autonomen Putzmaschinen erobern Paris

Die Fahrgäste der Pariser Metro dürften nicht schlecht gestaunt haben, als sie dem ersten Cab X auf den Bahnsteigen begegneten. Denn diese Maschine und ihre Kollegen sorgten scheinbar völlig ohne menschliche Steuerung für Sauberkeit! Nach einer Probephase kamen im Herbst 1990 die ersten Exemplare zum Einsatz: Ferngesteuert von einem Menschen, fuhren sie auf Ketten zu ihrem Einsatzort und wurden dort in den Automatikmodus geschaltet. Dann reinigten sie vollkommen selbstständig den Bahnsteig, bremsten an dessen Ende ab und kehrten von allein wieder zurück. Waren sie fertig, holten ihre Aufpasser eine Fernbedienung aus dem Gehäuse und brachten die Reinigungsmaschinen entweder zu ihrer Station oder an eine andere Haltestelle, an der der nächste Einsatz wartete.

Entwickelt worden war der anderthalb Meter hohe, 60 Zentimeter breite und knapp 1,70 lange Cab X von der finnischen Firma Comatec. Seine Orientierungshilfen waren in den Boden eingelassene Magneten. Damit kein Mensch zu Schaden kam, hatten die Maschinen außerdem Infrarot- und Ultraschallsensoren eingebaut, sodass sie Hindernissen ausweichen oder einfach stehen bleiben konnten.

Schon in den frühen 1980er-Jahren gab es erste Experimente mit solchen Geräten, die den Menschen insbesondere das Reinigen lästiger großer Flächen abnehmen sollten. Mitte der 1990er-Jahre waren im Auftrag des Metro-Betreibers RATP in Paris etwa 25 autonome Maschinen im Einsatz – und auch in Deutschland sind solche Putzroboter inzwischen keine Zukunftsmusik mehr. In Supermärkten, auf Flughäfen und anderen Orten mit großen Bodenflächen fahren sie umher – und sorgen manchmal immer noch für erstaunte Blicke.

Wohin mit dem ganzen Plastik? – Kampf dem Müll!

Die Diskussion um Plastikabfälle, sie beherrschte auch schon 1990 die Schlagzeilen. Denn der Trend in den Supermärkten ging zu immer mehr Kunststoff. Vier Jahre zuvor hatte Coca-Cola beispielsweise die PET-Einwegflasche auf den Markt gebracht. Die Kunden waren begeistert: endlich nicht mehr so schwere Getränkekisten schleppen – Kunststoff sei Dank. Die Folge: Die Mülldeponien quollen über, die Verbrennungsanlagen kamen nicht mehr hinterher. Rund 15,3 Tonnen Verpackungsmüll fielen jährlich in Deutschland an, davon fast 13,1 Tonnen Einwegverpackungen. Für die Umwelt eine Katastrophe! Wohin also damit?

Der Ernst der Lage war auch der Politik bewusst: Anfang des Jahres drohte Umweltminister Töpfer mit einem Zwangspfand für Einwegverpackungen bei Getränken und mit einer Zwangsrücknahme von Verpackungsmüll im Laden. Die Industrie reagierte auf verschiedene Weise, um sich diese Kosten zu sparen – Coca-Cola brachte 1990 eine 1,5-Liter-PET-Mehrwegflasche auf den Markt.

Der größere Wurf war ein eigenes Rücknahmesystem. Dahinter steckte der Gedanke der Produktverantwortung: Wer Produkte und deren Verpackungen herstellt, muss sich auch um die umweltgerechte Entsorgung kümmern. Stichwort: duale Abfallwirtschaft. Parallel zu den Müllunternehmen der Städte sollten vom Dualen System Deutschland (DSD) beauftragte Recycling-Unternehmen den Verpackungsmüll separat von den Haushalten abholen und verwerten.

Der »Grüne Punkt« war der Schlüssel, um das zu finanzieren: Unternehmen zahlten Geld an die Gesellschaft »Duales System Deutschland«. Dafür wurde auf die Hüllen ihrer Produkte das Symbol des Grünen Punkts gedruckt. Übrigens hieß das für die Kunden am Ende auch, dass die Preise stiegen. Von dem eingenommenen Geld wurden überall in Deutschland Tonnen und Behälter aufgestellt, um den Müll zu entsorgen. Am Kunststoffaufkommen änderte das natürlich wenig – und wie die Verpackungen genau entsorgt werden sollten, war eine andere Frage: Viele Packungen bestehen aus sogenannten Verbundmaterialien, also einem Mix aus beispielsweise Papier, Aluminium und Kunststoff. Dies zu trennen, ist extrem teuer und aufwendig. Trotz der Bedenken startete das System parallel zur neuen Verpackungsverordnung im Jahr 1991. Ein Pfand für Getränke-Einwegverpackungen kam übrigens erst 2006.

Daneben gab es weitere Ansätze, um den schon vorhandenen Plastikmüll irgendwie loszuwerden: Eine hessische Firma entwickelte zum Beispiel ein Verfahren, um benutzten Kunststoff in Sandkästen, Verkehrsinseln oder sogar in Lärmschutzwände umzuwandeln!

Für 320 Meter schallisolierende Mauer (drei Meter hoch) sollten 100.000 Tonnen Kunststoffmüll eingeschmolzen werden. Und auch die Stadtsparkasse München bewies Kreativität: Für das Ende des Jahres kündigte sie an, abgelaufene und eingezogene Eurocheque-Karten zu Parkbänken und Pflanzkübeln pressen zu lassen. Und schon 1989 gab es Überlegungen, essbare Joghurtbecher herzustellen. Richtig funktionierte das allerdings noch immer nicht, weil die Hülle aus einer Spezialwaffel immer wieder durchweichte und sich beim Transport als nicht bruchsicher erwies.

Einfach übers Wasser schweben: das Bodeneffektfahrzeug

Ja, was ist das denn? Schneller als ein Rennboot, zu tiefer Flug für ein Flugzeug – und mit Stummelflügeln, die ein richtiges Abheben unmöglich machen?

Sogenannte Bodeneffektfahrzeuge sind auf den ersten Blick eine seltsame Mischung aus mehreren Fahrzeugarten. Doch mit ihrem Konzept kombinieren sie die Vorteile zweier Welten: Sie sind schneller als ein Schiff, können aber mehr Passagiere aufnehmen als ein Kleinflugzeug.

1990 stand in den Medien, dass ein solches Modell kurz vor der Serienreife stünde. Seit 1963 arbeitete der Ingenieur Günther W. Jörg an einem »Tandem Airfoil Flairboat«. Zwei Tragflächenpaare heben das Fahrzeug bei einer Geschwindigkeit von etwa 70 km/h maximal 1,50 Meter aus dem Wasser, der Gleiter schwebt dann auf einem Luftkissen, das durch die Form des Rumpfs entsteht. Klassische Hovercrafts benötigen dafür zusätzliche Motoren.

165 km/h Spitze und ein Benzinverbrauch von knapp einem Viertel vergleichbarer Boote oder Hovercrafts (dem geringeren Widerstand sei Dank) klangen vielversprechend, zumal das 500 PS starke Gefährt auch über Sumpfgebiete oder Kiesbänke schweben sollte. Die ersten bemannten Flairboote hatte Jörg schon 1973 gebaut und wegen der geringen Flughöhe die Zulassung als Wasserfahrzeug bekommen, zumal sie wie ein herkömmliches Boot nur mit Seitenruder und Gashebel gesteuert wurden. Doch durchsetzen konnte sich das Konzept nicht: Sobald das Bodeneffektfahrzeug langsamer wird, muss es stabil sein, um mit dem Rumpf wieder ins Wasser einzutauchen. Dank der Tandemflügel gelang dies auch weitgehend, doch das Konzept hat eine grundsätzliche Schwäche: Bei hohem Wellengang sind Starts und Landungen gefährlich, die geringe Flughöhe steigert die Gefahr von Kollisionen mit Schiffen, Ölplattformen oder Windrädern – insbesondere bei schlechter Sicht. Mehrere Folgeprojekte in den 1990er-Jahren brachten noch immer keinen Durchbruch.

Das letzte DDR-Patent: Eiszeit

DD 298536 – hinter dieser Nummer verbirgt sich symbolisch das Ende der DDR-Wirtschaft: Nach dem Fall der Mauer 1989 ging es mit den volkseigenen Betrieben (VEB) im Osten Deutschlands immer weiter bergab. Doch Dieter Mosemann entwickelte weiter – auch über das Ende der DDR hinaus.

DD 298536 ist eine von 1.555 Erfindungen, die er zum Patent anmeldete, davon 71 in der DDR. Am 2. Oktober 1990, ein paar Stunden vor dem Feuerwerk am Brandenburger Tor, reichte er den Antrag ein.

Doch wer ist Dieter Mosemann, und was beinhaltet dieses Patent? Mosemann leitete zu dieser Zeit im volkseigenen Betrieb VEB Kühlautomat Berlin-Johannisthal die Entwicklung neuer Geräte, insbesondere von Kältemaschinen. Unter anderem stattete die Firma die russische Fischfangflotte mit Gefriertechnik aus. Die Geschäfte liefen gut, die Produkte funktionierten.

Das Herzstück einer Kältemaschine ist der Verdichter. Ein Motor treibt zwei Schrauben an, dick wie Oberschenkel, die ein gasförmiges Kältemittel in einem Gehäuse nach vorn schieben und damit verdichten. Wenn sich das Gas wieder ausdehnt, entsteht Kälte. In Mosemanns Patent ging es darum, wie man in einem regelbaren Schraubenverdichter unterschiedliche Temperaturen erzeugen kann. Das Teil ist eher unscheinbar, etwa so groß wie eine Konservenbüchse, und hat acht Löcher – aber es ist extrem wirkungsvoll!

Doch der Lauf der Geschichte verhinderte, dass die DDR noch davon profitieren konnte. Die Schutzrechte für das Patent gingen nach der Wiedervereinigung an das vereinigte Deutschland. Die staatlichen Unternehmen der DDR wurden von der Treuhandanstalt (THA, kurz Treuhand) übernommen. Die Aufgabe dieser Anstalt des öffentlichen Rechts war es, die VEB der DDR nach den Grundsätzen der sozialen Marktwirtschaft zu privatisieren oder die Unternehmen, falls sie nicht wettbewerbsfähig waren, stillzulegen. Für Mosemann und den VEB Kühlbetrieb ging es erst einmal weiter – doch nach dem Gorbatschow-Putsch 1991 in Russland geriet das Unternehmen in die Krise.

Mosemann musste umdenken und entwickelte ein Baukastenprinzip für die Schraubenverdichter. Die Produkte wurden auch im Westen gekauft, Kühlhäuser und auch amerikanische Trawler wurden durch Mosemanns Erfindung gekühlt. Der Gea-Konzern übernahm die Firma, der Ingenieur arbeitete weiter. Am 31. Oktober 2010, also 20 Jahre nach der Wiedervereinigung, lief das Patent ab. Doch die Kältetechnik, die Mosemann mitentwickelt hatte, sorgt immer noch für ausreichend Kälte in Gefriertruhen von Supermärkten, klimatisiert Gebäude und sogar ganze Skihallen.

The stars are born! – Bekannte Geburtstagskinder

1990 war das Jahr der Abschiede und der Neuanfänge. Das galt auch für die Prominenten. Während die schwedische Filmlegende Greta Garbo im Alter von 84 Jahren für immer die Augen schloss, sich Musiker und Unterhaltungsgenie Sammy Davis Jr. im Alter von nur 64 Jahren von der Bühne des Lebens verabschiedete, Volksschauspielerin Helga Feddersen 60-jährig an Leberkrebs starb, Komponistenlegende Leonard Bernstein (»West Side Story«) in seinem 73. Lebensjahr das Zeitliche segnete und »Muppets«-Erfinder Jim Henson überraschend mit 53 Jahren starb, wurden auch einige Kinder geboren, die das spätere Zeitgeschehen prägen sollten.

1990 erreicht die Geburtenrate in Deutschland übrigens einen Wert von 905.675 gegenüber 921.445 Sterbefällen. In den folgenden Jahren sank sie immer weiter.

4. Januar – Toni Kroos, deutscher Fußballer

13. Januar – Liam Hemsworth, australischer Schauspieler

31. Januar – Cro, deutscher Rapper

9. April – Kristen Steward, US-amerikanische Schauspielerin

15. April – Emma Watson, britische Schauspielerin

27. Mai – Jonas Hector, deutscher Fußballer

4. Juli – David Kross, deutscher Schauspieler

27. Juli – David Storl, deutscher Kugelstoßer

15. August – Jennifer Lawrence, US-amerikanische Schauspielerin

6. November – André Schürrle, deutscher Fußballer

10. November – Kristina Vogel, deutsche Bahnradsportlerin

26. November – Rita Ora, britische Sängerin und Schauspielerin

30. November – Magnus Carlsen, norwegischer Schach-Großmeister

Mitten im Filmgeschehen: 3D-Kino in Megagröße

Kinofilme entführen uns in andere Welten, erzählen Geschichten, bringen uns zum Lachen und zum Weinen. Was liegt da näher, als den Zuschauer mit dem Einsatz von technischen Hilfsmitteln noch näher ins Geschehen zu ziehen? Schon Mitte der 1950er-Jahre ploppten deshalb die ersten 3D-Kinos auf. Die Filme waren allerdings ziemlich unscharf, die rot-grünen Brillen unbequem. Kopfschmerzen vorprogrammiert!

Ende der 1960er-Jahre wurde die IMAX-Gruppe gegründet. Sie sammelte in den Folgejahren Erfahrungen mit großformatigen Filmen und baute die Technik immer weiter aus: Beim IMAX-Format läuft der Film horizontal durch den Projektor, die Bilder werden an ein geschliffenes Glas gesaugt, eine wassergekühlte Xenonlampe sorgt für extreme Helligkeit der Bilder.

1990 stellte IMAX ein neues Verfahren vor, das gleich mehrere Komponenten zusammenfasste und ein bislang nicht gekanntes Filmerlebnis bieten sollte: eine riesige, kuppelförmige Leinwand mit bis zu 27 Metern Durchmesser, das breiteste genormte Filmformat von 70 Millimetern, hohe Auflösung und 48 Einzelbilder pro Sekunde. Für die 3D-Filme wird mit zwei Objektiven im Abstand des menschlichen Auges das gleiche Bild aufgezeichnet, die Bilder auf den zwei Filmstreifen werden abwechselnd auf die Leinwand geworfen. Sogenannte Shutterbrillen lassen dann nur die Bilder durch, die für das jeweilige Auge bestimmt sind. Das Ergebnis: Ein riesiges 3D-Bild, das den Zuschauer direkt in den Film hineinzieht.

Das »Solido« genannte Verfahren konnte sich allerdings nicht durchsetzen, ebenso wenig der »Magic Carpet«, den IMAX ebenfalls 1990 vorstellte: Unter den Sitzreihen befand sich eine zweite Leinwand, die beispielsweise bei Aufnahmen aus der Luft nicht nur den Blick nach vorn, sondern auch nach unten ermöglichte. Doch das Publikum war

diese Perspektive nicht gewohnt und bemerkte die Bilder unter den Füßen nicht, zudem waren die Füße der Kinosessel im Weg. Es gab nur zwei Filme in diesem Format. Etwa 15 Jahre später nahm eine weitere 3D-Welle in normalen Kinos Schwung auf – aber den ultimativen Durchbruch für die 3D-Technik brachte das bislang nicht.

Das Hubble-Teleskop: Guck mal, was da schwebt!

Das Weltall. Unendliche Weiten, faszinierende Szenerien. Explodierende Supernovae, heiße Sonnen, ferne Galaxien. Dass wir solche Dinge überhaupt sehen können, verdanken wir Hubble.

Rückblick: 3, 2, 1, zero! Am 24. April startete die Raumfähre Discovery mit besonderer Fracht ins All: einem Weltraumteleskop, das nach dem US-Astronomen Edwin Hubble benannt ist. Die Mission des von NASA und ESA entwickelten Teleskops war und ist es, Planeten, Sterne und Nebel, schwarze Löcher und Galaxien zu beobachten.

Warum aber vom All aus? Die Atmosphäre der Erde stört mit ihren winzigen Teilchen das Sehvermögen von Teleskopen auf der Erde, egal wie stark sie sind. Daher entstand schon 1946 die Idee, eines direkt ins All zu schießen. Nach langen Studien zur Machbarkeit begannen 1977 die Arbeiten an einem Teleskop mit 2,4 Metern Spiegeldurchmesser. Wegen Verzögerungen bei der Entwicklung der Optik und dem Unglück der Raumfähre Challenger 1986 musste Hubble noch vier weitere Jahre auf der Erde bleiben.

Nachdem das Teleskop von der Größe eines Schulbusses schließlich am 25. April 1990 erfolgreich im All ausgesetzt worden war, folgte die Ernüchterung: Ein Fehler am Hauptspiegel führte dazu, dass die Bilder zunächst unbrauchbar waren. Das wurde drei Jahre später korrigiert. In drei weiteren Servicemissionen bekam Hubble unter anderem neue Solarflügel für eine bessere Energieversorgung und neue Kamerasysteme, die bis in den fernen Ultraviolettbereich Aufnahmen machen können.

Das, was Hubble bei seinem 28.000 km/h schnellen Flug um die Erde liefert, hat unser Bild vom Weltraum nachhaltig geprägt: Rund 120 Gigabyte Daten sendet es wöchentlich, die die Wissenschaftler auf der Erde auswerten. Neben zahlreichen Aufnahmen für die Wissenschaft, mit denen die Entwicklung von Galaxien oder die Expansion des Weltalls dokumentiert werden, hat Hubble auch an der Weltraumserie »Star Trek: Raumschiff Voyager« mitgewirkt! Einige Aufnahmen des Alls und einiger Nebel stammen nämlich vom Weltraumteleskop. Hubble ist übrigens auch von der Erde aus sichtbar, allerdings nur in Gebieten, die nicht mehr als etwa 45 Grad nördlich oder südlich des Äquators liegen. Es fliegt von West nach Ost und hat die Erde inzwischen über 120.000 Mal umrundet. Mitte der 2020er-Jahre könnte Hubble einen Nachfolger bekommen: Wenn seine Umlaufbahn nicht korrigiert wird, tritt es etwa 2024 in die Erdatmosphäre ein und verglüht. Doch damit hätte es seine geplante zehnjährige Einsatzzeit mehr als verdreifacht und uns über 34 Jahre lang mit faszinierenden Einblicken ins All bereichert.

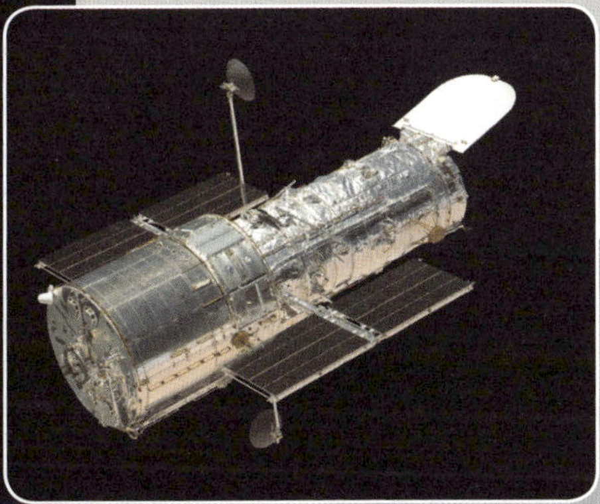

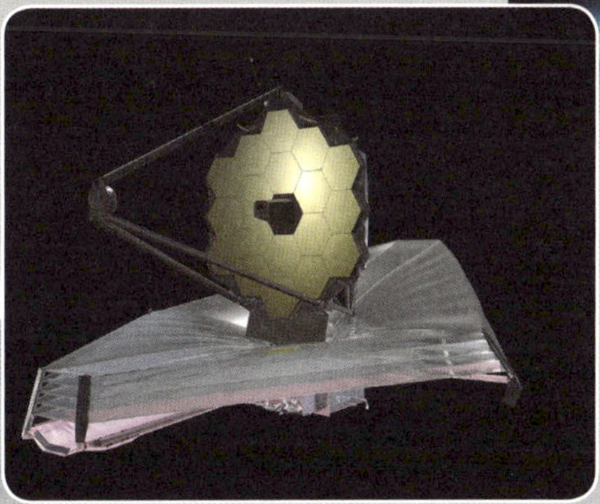

Hello, Sue: ein freundlicher Name für einen Giganten

Wer wünscht sich nicht, dass eine Entdeckung oder Erfindung nach ihm benannt wird? Susan Hendrickson gehört auf jeden Fall zu den Glücklichen, denen diese Ehre zuteil wurde: Das Fundstück FMNH PR 2081 wurde nicht nur von Hendrickson entdeckt, sondern auch liebevoll »Sue« getauft. Ein ziemlich netter Name, wenn man bedenkt, dass es sich dabei um einen Tyrannosaurus Rex handelt. Und noch dazu um einen der größten und besterhaltenen, die jemals gefunden wurden!

Das alles geschah dank eines kaputten Autoreifens: Hendrickson hatte zusammen mit einer Gruppe von Arbeitern des Black Hills Institute in der Nähe der Stadt Faith (South Dakota/USA) nach Fossilien gesucht. Nachdem sie einige Knochen eines Edmontosaurus ausgegraben hatten, machten sich die Arbeiter auf den Rückweg. Doch einer der Trucks hatten einen Platten – und während sich der Rest der Gruppe um die Reparatur kümmerte, untersuchte Hendrickson die Steilhänge, die sie noch nicht genauer angeschaut hatte. Und Bingo! Sie fand einige Knochenstücke und weitere Teile, die aus den Wänden der Steilhänge herausragten, und informierte ihren Chef. Die darauffolgenden Ausgrabungen brachten rund 250 Knochen eines Tyrannosaurus Rex hervor – normalerweise sind es nur rund die Hälfte der 360 bekannten Knochen! Häufig hatten nämlich andere Dinosaurier schon Stücke davongetragen, bevor das Skelett überhaupt von Schlamm konserviert werden konnte. Bei Sue war dies anders; der Riesensaurier starb den Untersuchungen zufolge nach einer Infektion mit Trichomonaden (kleinen Geißeltierchen) in einem Flussbett, der Leichnam (das Geschlecht ist übrigens unbekannt) wurde wahrscheinlich schnell von Wasser und Schlamm begraben.

Sues Daten sind beeindruckend: 12,8 Meter lang, fast vier Meter Hüfthöhe (und beinahe acht Meter Höhe insgesamt) und lebendig über sechs Tonnen schwer! Dazu Zähne, die bis zu 30 Zentimeter lang sein konnten. Zum Todeszeitpunkt war Sue 28 Jahre alt – eine stolze Zahl!

Nach einem Streit um das Besitzrecht wurden die Knochen 1997 bei einer Auktion für 7,6 Millionen Dollar verkauft und stehen nun im Field Museum of Natural History in Chicago. Der Kopf des Ausstellungsstücks ist allerdings nicht original – aufgrund des Gewichts und der Anbringungshöhe von vier Metern entschloss man sich, einen Abguss anzufertigen.

Susan Hendrickson hörte übrigens nicht auf, die Welt zu entdecken: In den folgenden Jahren nahm sie an einigen Tauchexpeditionen teil, die unter anderem die verschollene Nil-Kampfflotte von Napoleon Bonaparte aufspürten.

Auf den Spuren des Erbguts: das Human Genome Project

Nur mit einer vernünftigen Karte kann man sich gut orientieren: Das gilt nicht nur für den Straßenverkehr, sondern auch in der Wissenschaft – und besonders im komplizierten Gebiet der Genforschung. Das Erbgut eines Menschen gehört wohl zu deren spannendsten Bereichen. Wie setzt es sich zusammen, wie werden bestimmte Merkmale und Eigenschaften von Lebewesen weitergegeben? Die entscheidenden Informationen sitzen in der DNA. Diese befindet sich in den Chromosomen im Kern von Körperzellen und besteht aus einem Strang, in dem vier verschiedene Basen in unterschiedlicher Reihenfolge angeordnet sind. Wer sie entziffern kann, kann Abweichungen und somit unter anderem die Entstehung von Erbkrankheiten nachvollziehen – um sie dann zu verhindern. Der Mensch hat 23 verschiedene Chromosomenpaare und 3,2 Milliarden Basenpaare – eine wahnwitzige Aufgabe, das alles zu identifizieren.

US-Molekularbiologe Robert Sinsheimer trieb deshalb seine Idee für ein internationales Projekt voran, das alle anderen Vorhaben in seinem Bereich in den Schatten stellen sollte: 1988 gründeten er und andere Wissenschaftler und Einrichtungen die Human Genome Organisation (HUGO), am 14. September 1990 schließlich startete offiziell das Humangenomprojekt HGP. Rund 1.000 Wissenschaftler sollten in mehreren Labors rund um die Welt das Erbgut aus Zellkernen entnehmen, entschlüsseln und systematisch kartieren. 60 Prozent der Arbeit übernahmen amerikanische Einrichtungen, Großbritannien sollte 25 Prozent erledigen, Forscher aus Frankreich, Japan, China und Deutschland den Rest. Das Ziel: bis 2005 alles entschlüsselt zu haben. Das Budget: rund 3 Milliarden US-Dollar.

Um den gigantischen Arbeitsaufwand zu schaffen, kamen neue Arbeitsmethoden zum Einsatz: Mithilfe von molekularen DNA-Scheren konnte man die Fäden des Erbguts in Einzelteile zerlegen.

Diese kleineren Fragmente wurden mithilfe von Bakterien vermehrt, noch einmal zerteilt, und danach wurden verschiedene Teile unterschiedlicher Spender kombiniert. Auf diese Weise sollte nicht die DNA einer Person, sondern ein universelles Erbgut wiedergegeben werden. Um die Fragmente dann wieder in der richtigen Reihenfolge zusammensetzen zu können, wurden sie in Chromosomenkarten mit speziellen Markern erfasst. Ein enorm aufwendiges Verfahren: 1998 hatten die Forscher gerade einmal drei Prozent geschafft!

Daraufhin kündigte der Wissenschaftler Craig Venter an, das Ganze bis 2001 im Alleingang zu erledigen. Dafür setzte er auf Computertechnik, Automatisierung und Ultraschall zum Zerteilen der DNA. Letztere stammte übrigens von Craig Venter selbst! Auf eine Kartierung wollte er verzichten – doch ohne diese verloren seine Rechner in den schieren Massen von Einzelteilen und Stückchen die Orientierung. Die Lösung: Venter und das HGP arbeiteten eng zusammen und schafften es 2001 schließlich, die Abfolge der 3,2 Milliarden Gen-Buchstaben zu entschlüsseln. Es stellte sich heraus: Dieser »Text« würde 3.000 Bücher füllen und ist bei Menschen zu 99,9 Prozent identisch. 20.000 bis 25.000 Gene stecken im menschlichen Körper, etwa nur doppelt so viel wie bei einer Fliege. Die Wissenschaftler hatten mit deutlich mehr gerechnet. 2003, also 13 Jahre nach seinem Start, galt das menschliche Genom als vollständig entschlüsselt. Mithilfe dieses Wissens geht es jetzt unter anderem darum, Krankheitsrisiken besser zu erkennen und die Behandlung von Symptomen zu verbessern.

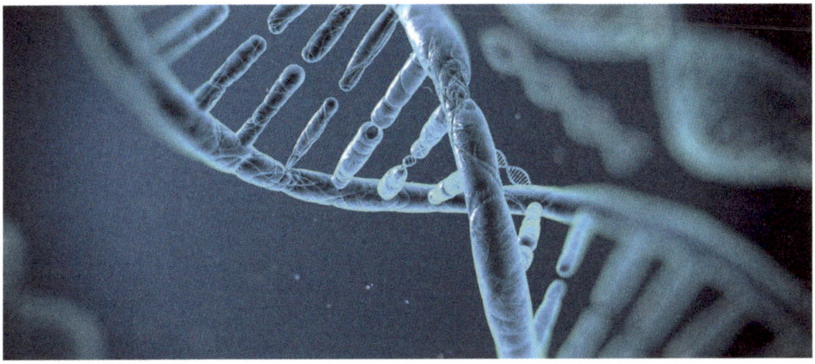

Die Gen-Petunien: ein Flop für die Wissenschaft

200 wütende Menschen protestierten am 14. Mai 1990 vor dem Max-Planck-Institut für Züchtungsforschung in Köln. Anlass des Zorns: Petunia Hybrida RL1/17. Die Balkonpflanze mit einer auffallenden Lachsfarbe war der erste Freilandversuch mit genmanipulierten Pflanzen in Deutschland – sehr zum Unwillen einer Bürgerinitiative, die keine »Genbasteleien« vor ihrer Haustür haben wollte. In die Blüten hatten die Forscher das Farbgen einer roten Maissorte eingeschleust, um das seltene Phänomen der »springenden Gene« und daraus folgenden Mutationen zu erforschen: Eine von 10.000 Blüten sollte dabei weiß oder rot-weiß gesprenkelt werden. Um das wirklich beobachten zu können, mussten sie entsprechend viele Blumen pflanzen: 30.000 an der Zahl! Dazu würde kein Gewächshaus reichen, fanden die Wissenschaftler, die das Experiment für harmlos hielten. Kritiker jedoch fürchteten, dass auf dieses Experiment weitere folgen könnten – und damit der Weg für genmanipulierte Lebensmittel grundsätzlich frei würde.

Zunächst funktionierte alles nach Plan, die lachsfarbenen, genmanipulierten Blumen blühten. Doch während einer Hitzewelle verlor plötzlich über die Hälfte der Pflanzen ihre Farbe! Spötter sprachen schon bald von »Pleite-Petunien«. Bis heute kann man sich das Phänomen nicht vollständig erklären. Danach gab es noch rund 1.200 sogenannte »Freisetzungen« mit unterschiedlichen Forschungsansätzen, ab 2013 gab es keine weiteren Experimente mehr mit genmanipulierten Pflanzen in Deutschland.

Bringen Licht ins Dunkel: Solarzellen fürs Buswartehäuschen

Ein kleines Häuschen am Straßenrand, vollkommen im Dunkeln ... das klingt wie aus einem Horrorfilm! Und da soll man nachts auf den Bus warten? Besonders in ländlichen Regionen gab es Anfang der 1990er dieses Problem noch: einzeln stehende Wartehäuschen ohne Stromzufuhr, ohne Licht. Beklemmungen vorprogrammiert. Die mögliche Lösung: Solarzellen! Das Fraunhofer-Institut stellte in Zusammenarbeit mit zwei weiteren Unternehmen die Landhaltestelle der Zukunft vor. Ausgestattet mit Solarpaneelen auf dem Dach, sollte das Häuschen die Sonnenenergie des Tages in einem Akku speichern und nachts wieder abgeben. Lichtsensoren übernahmen das An- und Ausschalten – und selbst die Lichtarmut in der norddeutschen Tiefebene sollte nicht zu einem Stromausfall führen: Bis zu drei sonnenlose Tage sollte der Speicher überbrücken, bis er wieder gefüllt werden musste. Eine wirklich praxisnahe Erfindung, die sich aber bislang noch nicht breitenwirksam durchgesetzt hat – auch wegen der klammen Kassen vieler Gemeinden. Doch der technische Fortschritt hat dafür gesorgt, dass beispielsweise in London eine Haltestelle komplett mit transparenten Solarzellen eingefasst wurde und bis zu 2.000 Kilowattstunden Strom produziert – das ist etwa die Menge, die ein durchschnittlicher Haushalt im Jahr verbraucht.

Wirtschafts-News des Jahres

Kampf um die Interflug

Im Rahmen der nahenden Wiedervereinigung wurde auch eine Fusion der DDR-Staatsairline Interflug mit der westdeutschen Lufthansa in Aussicht gestellt. Die Lufthansa erklärte sich dazu bereit, alle Anteile der Interflug zu übernehmen – doch das lehnte das Bundeskartellamt ab. Auch British Airways bemühte sich um eine Kooperation, entschied sich aber am Ende für die Fluggesellschaft Delta Air. Im November stellte die Lufthansa fest, dass die Interflug wöchentlich einen Verlust von einer Million D-Mark machte. Die Konsequenz: Am 7. Februar 1991 wurde die Interflug liquidiert, der letzte Flug fand am 30. April nach Wien statt. Rund 1.000 Mitarbeiter wurden von der Lufthansa übernommen.

Siemens übernimmt Nixdorf

Die Nixdorf Computer AG gehörte seit ihrer Gründung 1968 zu den wichtigsten Computerherstellern Europas. Doch nach dem Tod des Gründers Heinz Nixdorf 1985 ging es schnell bergab: Das Unternehmen konnte dem schnellen Wandel nicht folgen und hatte den Trend zum PC verpasst. 1990 übernahm Siemens die Mehrheit der Stammaktien. Das Unternehmen wurde in mehrere Bestandteile zergliedert, die Siemens Nixdorf Informationssysteme AG 1998 aufgelöst und in die Siemens AG überführt. Seitdem gab es mehrere Neugründungen wie etwa die Wincor Nixdorf AG oder die Fujitsu Siemens Holding. Viele ehemalige Mitarbeiter gründeten eigene spezialisierte IT-Unternehmen.

Adidas wird französisch

Mitte der 1980er-Jahre war der fränkische Sportartikelhersteller Adidas in eine wirtschaftliche Schieflage geraten. 1989 wurde das Unternehmen in eine Aktiengesellschaft umgewandelt und machte 120 Millionen Mark Verlust. Ein Jahr später verkauften die vier Adidas-Erbinnen 80 Prozent ihrer Anteile an den französischen Unternehmer Bernard Tapie. Daraus entspann sich in den folgenden Jahren ein Wirtschaftskrimi: Tapie veräußerte wiederum 20 Prozent seiner Anteile an ein britisches Konsortium, das sie ihm kurz darauf wieder zurückverkaufte. Daraufhin beauftragte Tapie seine Hausbank, seine Anteile zu verkaufen. Die wiederum übernahm diese Anteile über Drittfirmen selbst und verkaufte sie zum Doppelten des Kaufpreises.

Bereit für das neue Jahrzehnt: Internet und Computer auf dem Vormarsch

Nicht nur das Aufkommen von immer mehr Anwendungen und Spielen für den Computer (Näheres dazu in den Abschnitten zu Microsoft Office und den Spieleneuheiten) waren ein deutliches Zeichen dafür, dass der Siegeszug der Digitaltechnik nicht mehr aufzuhalten war: Im Jahr 1990 hatten bereits elf Prozent der Privathaushalte (und sogar 31,5 Prozent der Vier-Personen-Haushalte mit mittlerem Einkommen) einen Computer. Microsoft brachte in diesem Jahr zudem die dritte Version von Windows auf den Markt, das mit seiner überarbeiteten grafischen Benutzeroberfläche den Durchbruch für das Betriebssystem brachte und Marktführer wurde. Apple und IBM brachten fast zeitgleich große Werbekampagnen für ihre neuen Computer heraus.

Der Erfolg ging zulasten der klassischen Schreibmaschine als typisches Büroutensil: Schon seit 1984 hatte sich ihr Absatz halbiert; 1990 wanderten nur noch 86.000 Exemplare über die Ladentische. Immer mehr Unternehmen setzten auf die Zwischenform, eine Schreibmaschine mit Display, oder gleich auf den PC. Im Idealfall war der sogar schon tragbar: In der Geschäftswelt galt der Laptop als Zukunftsbringer schlechthin. Geschäftsleute konnten das Gerät mit auf Termine nehmen und gleich noch im Hotel weiterarbeiten, Ingenieure konnten komplizierte Technik überprüfen und Mechaniker direkt an einem defekten Lkw überprüfen, wo es haperte. 50 Prozent Zuwachs erlebte die Laptop-Branche jährlich – nicht zuletzt dadurch, dass nach und nach immer mehr Geräte mit Festplatten auf den Markt kamen. Speichergröße: 120 Megabyte, die Größe von rund 30 MP3-Songs. Weil die Computer immer leistungsfähiger wurden, war »Multimedia« eines der Trendwörter des Jahres 1990: Computer sollten künftig nicht nur Text, sondern auch Fotos, Video und Musik darstellen und abspielen können. Gleichzeitig wurde aber auch immer klarer, dass gegen Computerviren kein dauerhaftes Kraut gewachsen war – und immer wieder neue Rezepte gefragt sein würden: Schließlich würde durch die zunehmende Computerisierung in der Industrie auch die Gefahr durch Sabotage und Ausfälle immer größer.

Die digitale Welt wurde immer mobiler und bunter – aber Daten wurden noch immer in abgeschlossenen Datennetzwerken übertragen. Doch eine große Revolution bahnte sich an: 1990 ging am europäischen Forschungszentrum CERN in Genf mit dem ersten Webbrowser der Welt das World Wide Web in den Probebetrieb. Der Entwickler Tim Berners-Lee hatte ein Jahr zuvor in einem Aufsatz skizziert, wie man das Internet (das es bereits als Struktur gab) mithilfe von miteinander verknüpften Webseiten (Hyperlinks) nutzen kann. 1991 wurde es für die Öffentlichkeit freigegeben. Der Startschuss für eine weitere digitale Revolution!

Keine Sekunde mehr zu spät kommen: die erste Funkarmbanduhr

Was ist typisch deutsch? Für viele Menschen, die vom Ausland aus auf uns blicken, ist es sicherlich die Pünktlichkeit. Nicht überraschend also, dass die erste Funkuhr fürs Handgelenk aus Deutschland kommt.
Die Mega 1 von Junghans wurde 1990 als Digitaluhr vorgestellt. Wer es etwas schicker mochte, aber keineswegs eine ungenauere Zeitanzeige haben wollte, musste sich noch ein Jahr länger gedulden, dann nämlich kam die Mega als klassische Zeigerarmbanduhr in die Läden. Per Funksignal stellten sich die Uhren immer ganz genau ein, auch der Wechsel von Sommer- auf Winterzeit und zurück war damit kein Thema mehr: Nie wieder lästiges Umstellen – und keine Ausrede mehr, dass die Uhr ungenau ging! Die Branche war begeistert – in Fachkreisen gilt die Einführung der Mega-Modelle als eines der wichtigsten Ereignisse in der Uhrentechnik. Möglich machten dies der europäische Zeitsender DCF 77 sowie modernste Mikroelektronik. Die Uhren sind ein Zeichen für den Fortschritt in dieser Technologie: Fünf Jahre zuvor hatte Junghans noch die erste Tischuhr mit Funkempfänger vorgestellt ...